うすい輪切りにしてメチレンブルーで染めたダリアの茎

のぞいてびっくり！
顕微鏡

身近な生きもの

のぞいてみよう！

忍足和彦 [著]　福原達人 [監修]

ポプラ社

道ばたにさいている花、つかまえたり飼育したりした昆虫、
家にある野菜など、身近な生きものを顕微鏡でのぞいてみましょう。

見えてくるのは、ミクロの世界。

生きものたちは、生きぬくためにすぐれたしくみをもち、

それらはびっくりするほど美しくおもしろい形をしています。

この本では、見つけやすく入手しやすい生きものを取りあげ、

光をあてる方法や染めることで見えるものなど、

ちょっとした観察のコツもしょうかいしました。

生きものが見せてくれるミクロの世界を楽しんでください。

この本の使いかた

①各ページの写真は、40倍から400倍ほどの倍率で見たものを大きく引きのばしたものです。そのため、目安となる大きさを線で示すスケールを入れました。

②「データ」には、その生きものの基本となる説明を示しました。また、観察しやすい時期、顕微鏡での観察方法、見やすい倍率などは「観察メモ」に示しました。学校などで観察する時の手引きにしてください。切り花やはち植えは、その季節以外でも見られることがあります。

③この本では、見たいものの上から光をあてる方法、うすく切る方法、きれいに染める方法で観察した写真を掲載しています。具体的な方法は48ページ「観察のコツ」でしょうかいしています。

データ
スケール 写真にうつったものの大きさがわかる
観察時期、観察方法、見やすい倍率

もくじ

のぞいてびっくり！顕微鏡

- ヤマトシジミのたまご …… 4
- アゲハのりんぷん …… 6
- スズムシのはね …… 8
- カラスのはね …… 10
- ヒメダカの尾びれ …… 12
- タンポポの花粉 …… 14
- アサガオの花粉 …… 16
- いろいろな花の花粉 …… 18
- ツクシの胞子 …… 22
- カビ …… 24
- ゼニゴケの胞子 …… 26
- オオカナダモの葉 …… 28
- サザンカの葉 …… 30
- ツユクサの葉 …… 32
- ホウセンカの茎 …… 34
- ニンジン …… 36
- ムラサキタマネギ …… 38
- タマネギの皮 …… 40
- ジャガイモのデンプン …… 42
- 顕微鏡の使いかた …… 44
- 観察のコツ …… 48
- 双眼実体顕微鏡 …… 49
- さくいん …… 50

表紙写真：ガーベラ　うら表紙写真：ガーベラの花粉

ヤマトシジミのたまご

カタバミのまわりをヤマトシジミが飛んでいました。
葉のうらにあったのは小さなたまご。
葉ごと取ってスライドガラスに乗せ、
上から光をあててのぞいてみました。

ヤマトシジミのデータ

チョウ目シジミチョウ科。はねを広げたはばは25〜30㎜。本州から沖縄の平地の道ばたや畑、庭などで見られる。メスはカタバミに産卵し、幼虫はカタバミの葉を食べて成長する。写真はヤマトシジミのメス。

観察メモ

観察時期：4月〜10月
観察方法：上から光をあてる
　　　　　（→48ページ）
倍率：100倍から

複雑なあみ目もようがあるので、顕微鏡で見る時に光のあてかたを変えると見えかたがいろいろに変わっておもしろい。

0.1mm

アゲハのりんぷん

アゲハのはねをステージに乗せました。
けれども、表もうらもりんぷんに
おおわれたはねは光を通しません。
そこで、上から光をあてました。
光をあてる角度を変えると、見えかたも変わります。

アゲハのデータ

チョウ目アゲハチョウ科。日本全土に広く分布。ミカン、キンカン、レモン、ユズ、サンショウなどの葉にたまごをうむ。3月から4月ごろに羽化する春型と6月ごろからあらわれる夏型があり、夏型のほうが大きい。写真は夏型のアゲハ。

黒いりんぷんの間に黄色や青色のりんぷんが重なりながらきそく正しくならんでもようをつくっている。ひとつひとつのりんぷんは、はねのくぼみにはまっているだけなので、はねをさわるとりんぷんは落ちてしまう。

観察メモ

観察時期：3月～10月
観察方法：上から光をあてる
　　　　　（→48ページ）
倍率：100倍

0.1mm

スズムシのはね

夏の夜に「リーン、リーン」と
鈴のような鳴き声を聞かせてくれるスズムシ。
実は鳴き声ではありません。
オスが右前ばねを上、左前ばねを下にし、
つけ根をこすりあわせてだしている音です。

観察メモ

観察時期：8月〜10月
観察方法：上から光をあてる
（→48ページ）
倍率：40倍から

0.1mm

はねは厚く、光をあまり通さないので
上から光をあてて見た。もりあがった
はねの脈に、やすりのようなギザギザ
がついていることがわかる。

スズムシのデータ

バッタ目コオロギ科。自然の状態では本州の秋田県より南、四国、九州に分布。ペットショップでも売られている。成虫は体長17〜25㎜で8月〜10月に見られる。オスは成虫になると4まいのはねのうち、後ろばねの2まいを落としてしまう。

ろ状器

右前ばねのうら側。左右に長くのびており、こまかいギザギザがあるすじはろ状器とよばれる。左前ばねにあるまさつ器とこすりあわせて音をだす。「ろ」はやすりのこと。

0.5mm

カラスのはね

カラスは黒く見えますが、太陽の光があたると、こい茶色にも見えます。カラスの風切羽を、角度を変えて見るとやはり茶色く見えました。顕微鏡でのぞいてみましょう。

ハシブトガラスのデータ

スズメ目カラス科。都会に多く「カアカア」と鳴く。くちばしが太くなんでも食べる雑食性。くちばしが細いハシボソガラスは、「ガーガー」とにごった声で鳴き、農耕地、草原などに多く、草の種子などをつまんで食べる。観察したはねはハシブトガラスが多いところで採取したので、おそらくハシブトガラスのはねと考えている。

🔍 **観察メモ**

観察時期：一年じゅう
観察方法：上から光をあてる
　　　　　（→48ページ）
倍率：100倍

カラスのはねは、メタリックでつやがあるように見える。これは、はねのなかに茶色の色素があり、表面にあるうすい膜が光をさまざまに散らすため。「カラスのぬれ羽色」とよばれる。はねのすじを細い羽枝がからみあってつないでいる。

0.1mm

ヒメダカの尾びれ

ヒメダカは、皮ふに黒い色素がなく、
黄色い色素だけをもっているため、
オレンジ色のからだをしています。
尾びれはうすく、すかして見ることができます。
密閉できるビニールぶくろに入れて、
ステージに乗せました。

1mm

ヒメダカのデータ

ダツ目メダカ科。黒っぽい野生のメダカから突然変異で生まれた。ペットショップで売られている。メスの背びれには切れこみがなく、しりびれは三角形。オスの背びれには切れこみがあり、しりびれは四角くはば広い。

観察メモ

観察時期：一年じゅう
観察方法：下から光をあてる
倍率：40倍から

ブロックがつながったように見えるのは、尾びれの軟条とよばれるすじ。尾びれの先になるほどえだわかれしている。黄色い点は皮ふにある黄色い色素のつぶ。

タンポポの花粉

観察メモ
観察時期：3月～4月
観察方法：下から光をあてる
倍率：100倍から

タンポポの花はたくさんの花（小花）の集まりで、ひとつひとつの花のまんなかにくるっとまいためしべの先があります。
めしべは、おしべでできたつつのなかを通ってくるので、たくさんの花粉をつけています。
花粉を顕微鏡でのぞいてみました。
タンポポには、外国から入ってきた「セイヨウタンポポ」と、もともと日本にいた「在来タンポポ」があります。

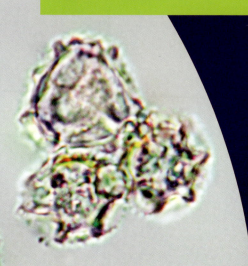

セイヨウタンポポの花粉は、形も大きさもふぞろいで、しなびたような花粉もまじっている。

セイヨウタンポポのデータ

キク科タンポポ属の多年草。外国から明治時代に日本に入ってきたもの。花をつつむ総苞がそりかえっている。花粉を使わずに種をつくることができる。

0.01mm

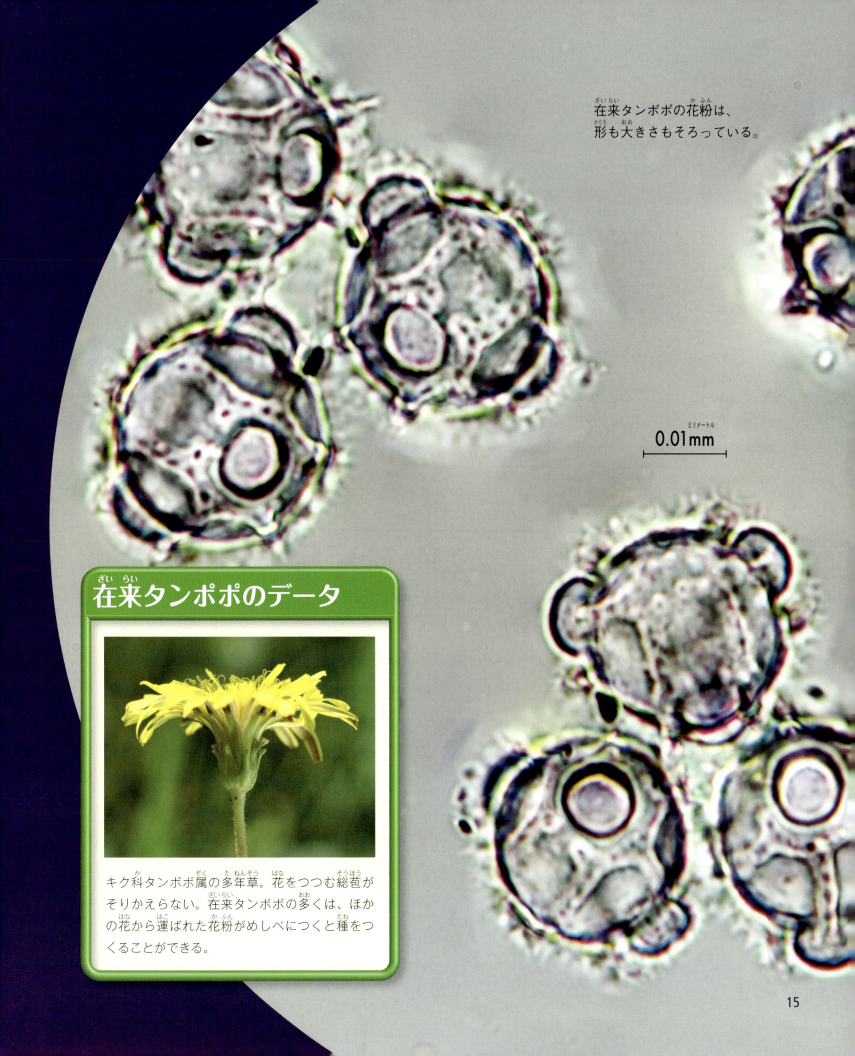

在来タンポポの花粉は、形も大きさもそろっている。

0.01mm

在来タンポポのデータ

キク科タンポポ属の多年草。花をつつむ総苞がそりかえらない。在来タンポポの多くは、ほかの花から運ばれた花粉がめしべにつくと種をつくることができる。

アサガオの花粉

植木ばちで育てていたアサガオがさいたので、おしべについている花粉をピンセットで取り、スライドガラスに乗せました。
アサガオの花粉は大きいので、顕微鏡の反射鏡やランプの光ですかして見るよりも、
上から光をあてたほうが形がよくわかります。

アサガオのデータ

ヒルガオ科サツマイモ属。5本のおしべと1本のめしべをもつ。つぼみのうちに受粉するので、開いた花ではめしべにも花粉がついている。花粉は目で見えるほど大きい。

観察メモ

観察時期：7月～9月
観察方法：上から光をあてる
　　　　　（→48ページ）
倍率：40倍から

アサガオの花粉は丸く、小さなでっぱりが全体を取りまき、その間はくぼんでいる。ひとつの花のおしべとめしべで受粉するしくみ（自家受粉）をもつが、昆虫などによってほかの花の花粉で受粉することもある。

0.1mm

いろいろな花の花粉

上下から光をあてると、表面のあみ目もようがよく見える。

0.1mm

スカシユリのデータ

ユリ科ユリ属の多年草。1本のめしべと6本のおしべをもつ。おしべにあるたくさんの花粉は大きいので観察しやすい。

観察時期：一年じゅう
観察方法：上下から光をあてる
倍率：40倍から

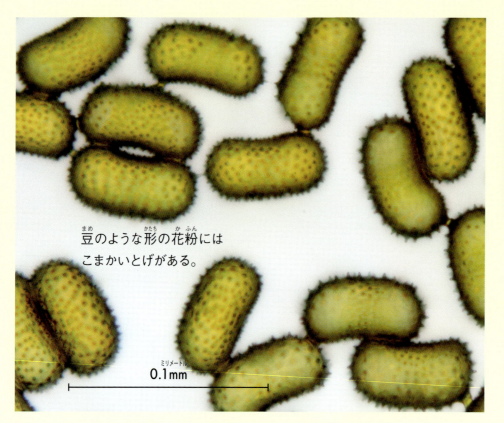

豆のような形の花粉にはこまかいとげがある。

0.1mm

ツユクサのデータ

ツユクサ科ツユクサ属の1年草。7〜9月、花は早朝にさき、昼にしぼむ。花びらは3まいで2まいは青く大きい。6本のおしべのうち長くのびた2本がたくさんの花粉をだす。

観察時期：7月〜10月
観察方法：下から光をあてる
倍率：100倍から

雄花からでる花粉は、2つの空気ぶくろをもっている。

クロマツのデータ

マツ科マツ属の常緑高木。日本では本州から九州にかけての海辺にはえる。雄花と雌花がある。

観察時期：春
観察方法：下から光をあてる
倍率：100倍から

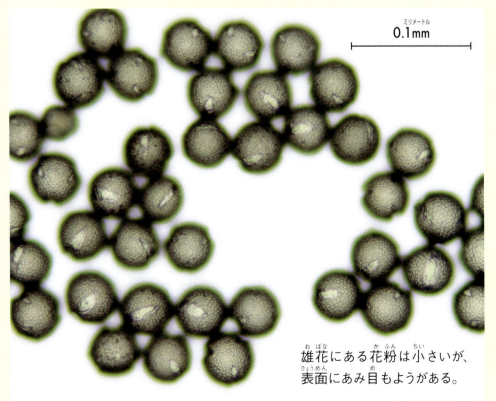

雄花にある花粉は小さいが、表面にあみ目もようがある。

スターチスのデータ

イソマツ科イソマツ属の1年草または常緑多年草。切り花として一年じゅう見ることができる。花びらのように見えるところはがく。白く小さい雄花と雌花がある。

観察時期：夏〜秋
観察方法：下から光をあてる
倍率：100倍から

上下から光をあてると、花粉の形をしっかりと見ることができる。

サザンカのデータ

ツバキ科ツバキ属の常緑小高木。スライドガラスの上で花を下にむけて軽くたたくと、花粉はばらばらと落ちる。

観察時期：10月〜12月
観察方法：上下から光をあてる
倍率：100倍から

上下から光をあてると、花粉に入ったすじまで見ることができる。

ガーベラのデータ

舌状花
管状花

キク科ガーベラ属。花びらのように見える舌状花と管状花（中央の黄色いところ）からなる。切り花は冬でも販売されている。

観察時期：7月〜10月
観察方法：上下から光をあてる
倍率：100倍から

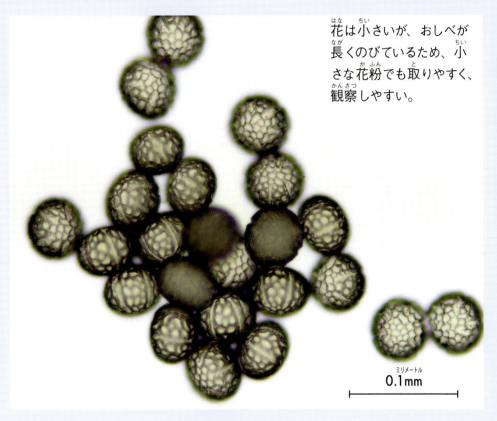

花は小さいが、おしべが長くのびているため、小さな花粉でも取りやすく、観察しやすい。

0.1mm

バジルのデータ

シソ科メボウキ属の1年草。葉は強い香りをもち、料理に用いられる。白い花は夏から秋に穂となってさく。

観察時期：7月～10月
観察方法：下から光をあてる
倍率：100倍から

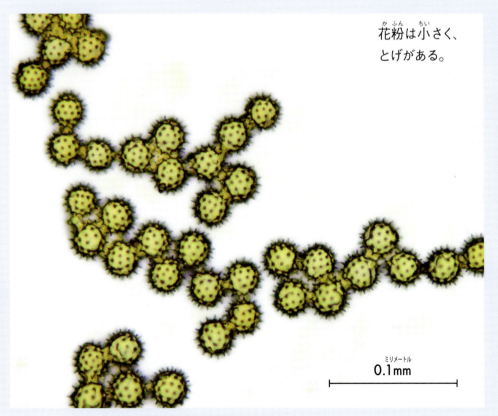

花粉は小さく、とげがある。

0.1mm

コスモスのデータ

舌状花
管状花

キク科コスモス属の1年草。花びらのように見える8個の舌状花と管状花（中央の黄色いところ）からなる。管状花の花粉をとって、観察した。

観察時期：8月～11月
観察方法：下から光をあてる
倍率：100倍から

ツクシの胞子

春先に土のなかからでてきた
ツクシは、かわくと穂を開きます。
スライドガラスの上で
開いた穂をたたくと
たくさんの胞子が落ちてきました。

しめり気がある時。丸い胞子に糸がからまっているように見える。この糸は弾糸とよばれる。

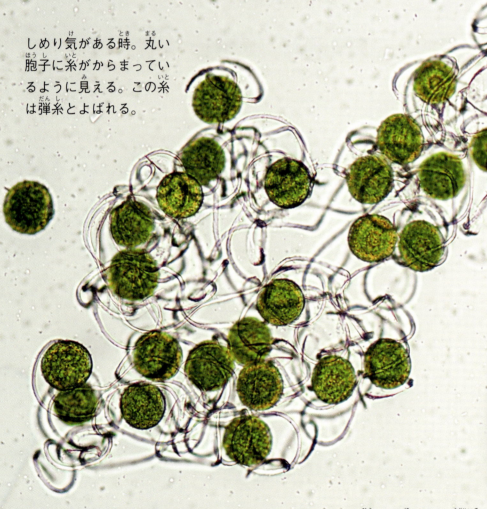

0.1mm

開いた穂には、緑色の胞子がつまったふくろ（胞子のう）が見える。胞子のうが破れると胞子がでてくる。

弾糸

> **観察メモ**
> 観察時期：3月〜4月
> 観察方法：下から光をあてる
> 倍率：100倍

弾糸は4本に見えるが、実は2本の糸がまんなかでくっついている。はじめは中心にまきついている（下写真）が、かんそうすると弾糸が広がる。

ツクシのデータ

トクサ科トクサ属のシダ植物、スギナが胞子を飛ばすためにだす茎。日本全土の明るい野原や土手にはえる。早春、スギナの地下茎からのびて地上にあらわれ、胞子を飛ばすとかれる。胞子はスギナに成長する。

0.1mm

カビ

あたたかく、しめり気の多いところに
パンをだしていたら
何日かでカビがはえました。
黒いところを綿ぼうでこすり、
スライドガラスにつけると、
カビのすがたを見ることができました。

カビのデータ

カビは、きのこや酵母（イースト菌）と同じ菌類というグループの生きもの。胞子1つから新しいからだをつくることができ、あたたかくしめったところにでる。自分で栄養分をつくりだすことができないので、食品や植物などにとりつき、その栄養分を吸収して成長する。パンについた黒いカビはコウジカビの仲間、クロコウジカビ。

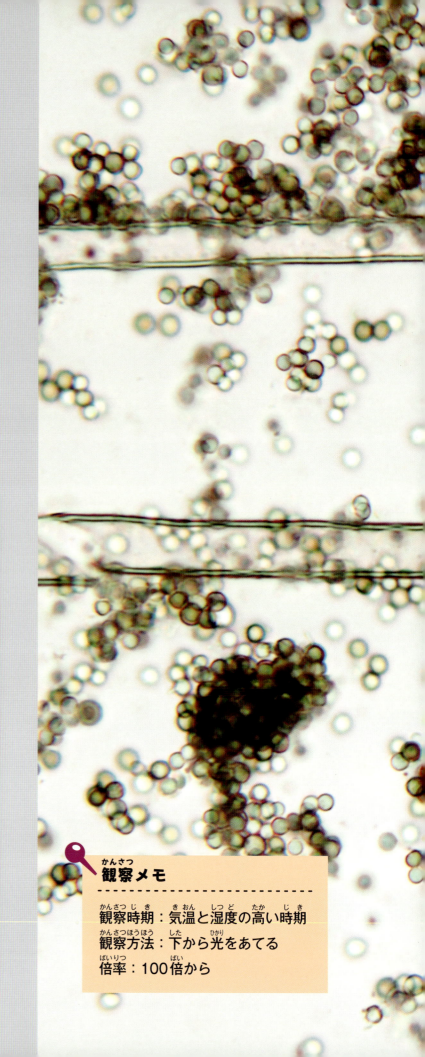

観察メモ

観察時期：気温と湿度の高い時期
観察方法：下から光をあてる
倍率：100倍から

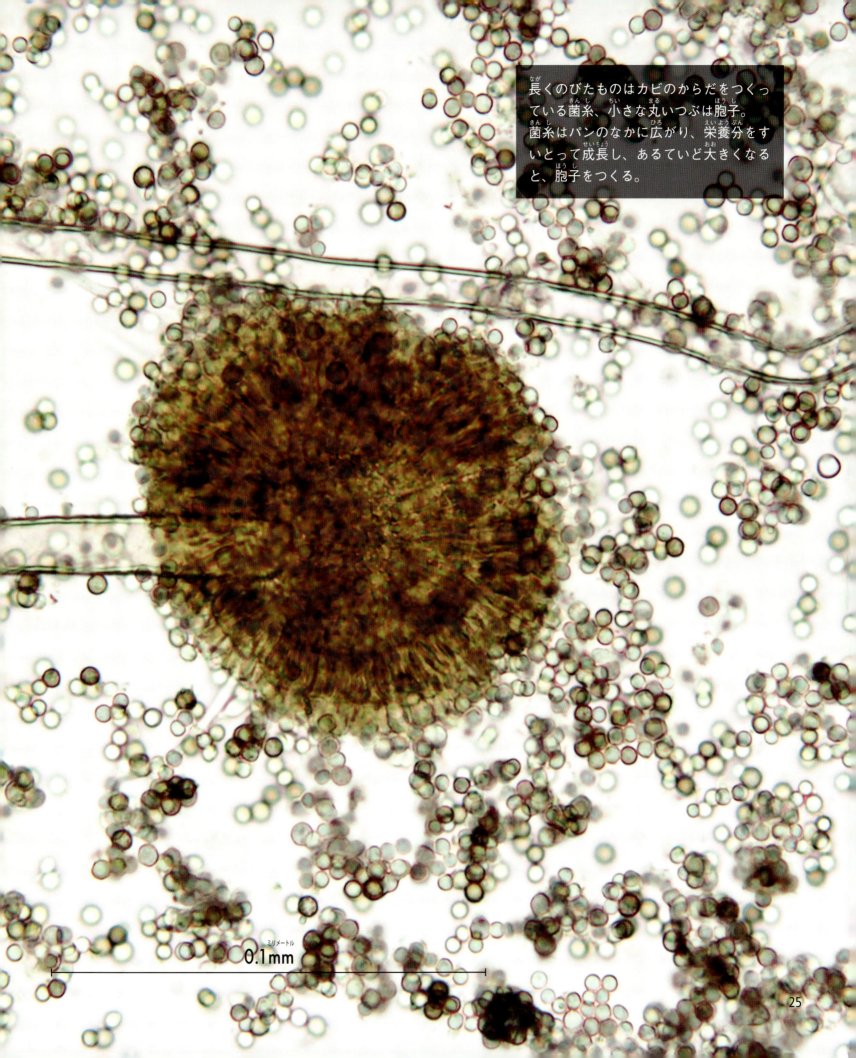

長くのびたものはカビのからだをつくっている菌糸、小さな丸いつぶは胞子。菌糸はパンのなかに広がり、栄養分をすいとって成長し、あるていど大きくなると、胞子をつくる。

0.1mm

ゼニゴケの胞子

秋。かさが2cmほどに立ち上がったゼニゴケの雌株を見つけました。かさの下には黄色のわたのようなかたまりが見えます。ピンセットでつまんでスライドガラスに取りだし、観察しました。

弾糸

2本の糸がからみあった弾糸に胞子がくっついている。かんそうすると弾糸がほどけて胞子が散り、地面に落ちて新たなゼニゴケになる。

0.01mm

🔍 **観察メモ**

観察時期：雨がふったあと
観察方法：下から光をあてる
倍率：100倍

胞子

弾糸と胞子のう

雌株のかさを下から見たところ。

ゼニゴケのデータ

ゼニゴケ科ゼニゴケ属のコケ。家のまわりや公園などのしめったところで見られる。地面にはりつくようにふえるものは葉と茎の区別がなく葉状体とよばれ、雌雄異株。葉状体から柄がのびてかさができ、雄株では精子、雌株では卵細胞がつくられる。卵細胞に精子がついて受精すると、胞子ができる。写真は雌株。

オオカナダモの葉

水そうでよく使われる水草のひとつが
オオカナダモです。
葉がうすくすき通っているので
1まい切りとって
そのままスライドガラスに乗せ、
カバーガラスをかぶせて
顕微鏡で見てみました。

オオカナダモのデータ

トチカガミ科オオカナダモ属の水草。アナカリスともいう。アルゼンチン原産で世界じゅうの温帯、亜熱帯、熱帯に広く分布している。水中に茎をのばし、6月〜10月に白い花を水面にさかせる。

観察メモ

観察時期：一年じゅう
観察方法：下から光をあてる
倍率：40倍

0.1mm

区切られたひとつひとつの部屋が細胞。細胞は、生物のからだをつくる基本的な単位で、植物では細胞と細胞との間に細胞壁がある。細胞のなかにある緑色のつぶが、光合成をおこなう葉緑体。観察していると、ゆっくり動いていることがわかる。

サザンカの葉

表皮

やわらかい葉をうすく切ろうとすると
葉脈がつぶれてしまいます。そこで、
少しかたいサザンカの葉を横に切ってみました。
細胞がたくさん重なっているので、
ひとつひとつの細胞は、はっきりとは見えません。

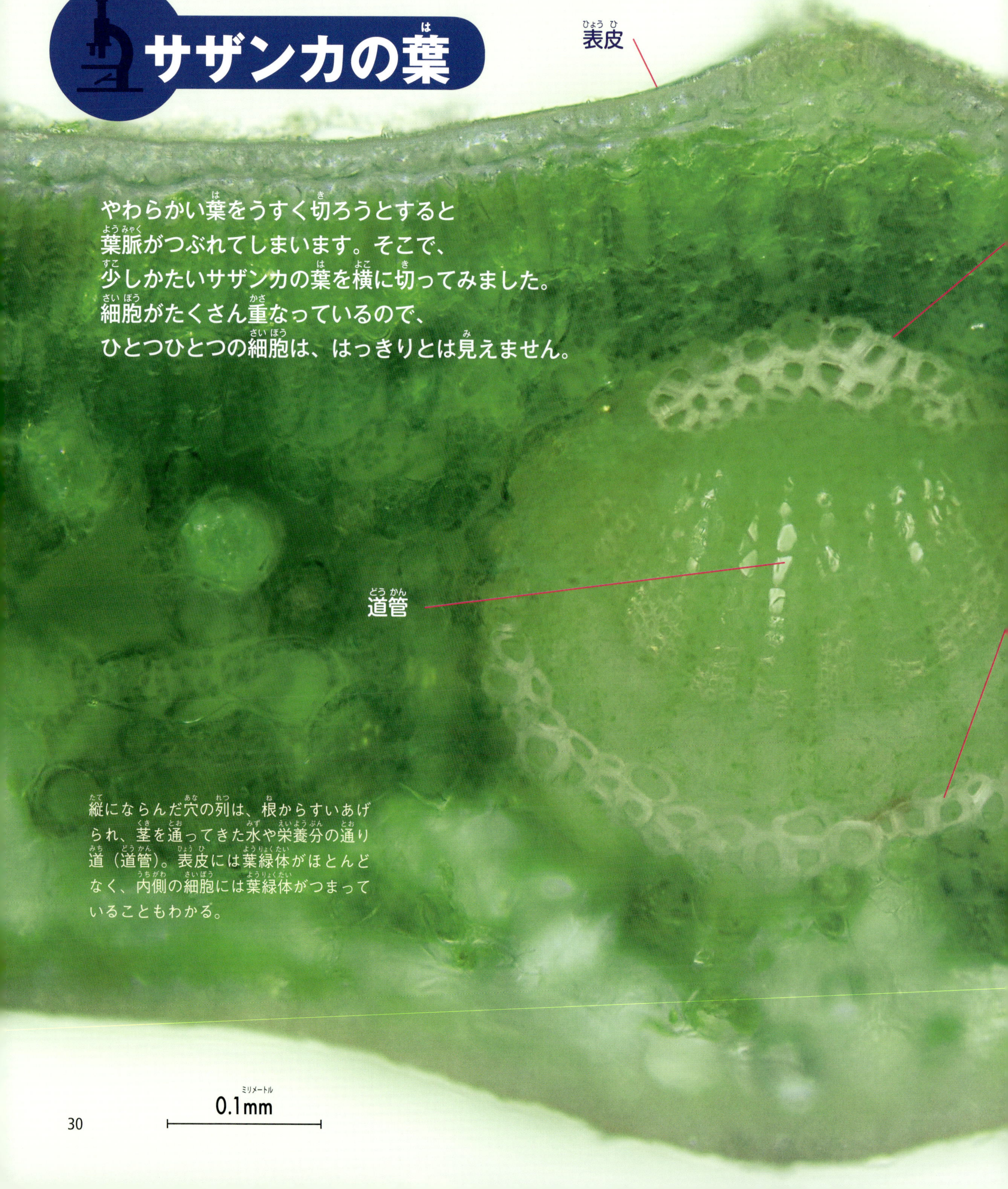

道管

縦にならんだ穴の列は、根からすいあげられ、茎を通ってきた水や栄養分の通り道（道管）。表皮には葉緑体がほとんどなく、内側の細胞には葉緑体がつまっていることもわかる。

0.1mm

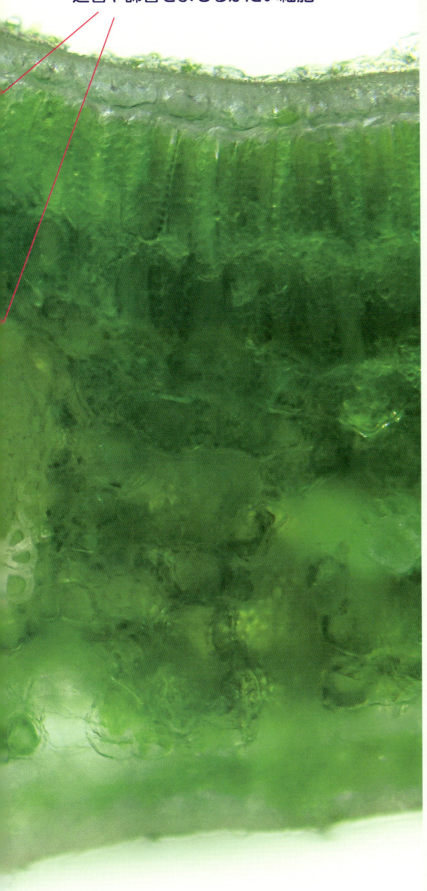

道管や師管をまもるかたい細胞

観察メモ

観察時期：一年じゅう
観察方法：うすく切り、下から光をあてる
倍率：40倍

サザンカのデータ

ツバキ科ツバキ属の常緑小高木。高さ3〜15m。園芸品種が多く、公園や庭に広く利用されている。葉は厚くかたい。葉脈はあみの目のようにはりめぐらされ、葉をささえる働きもしている。花と花粉は20ページ。

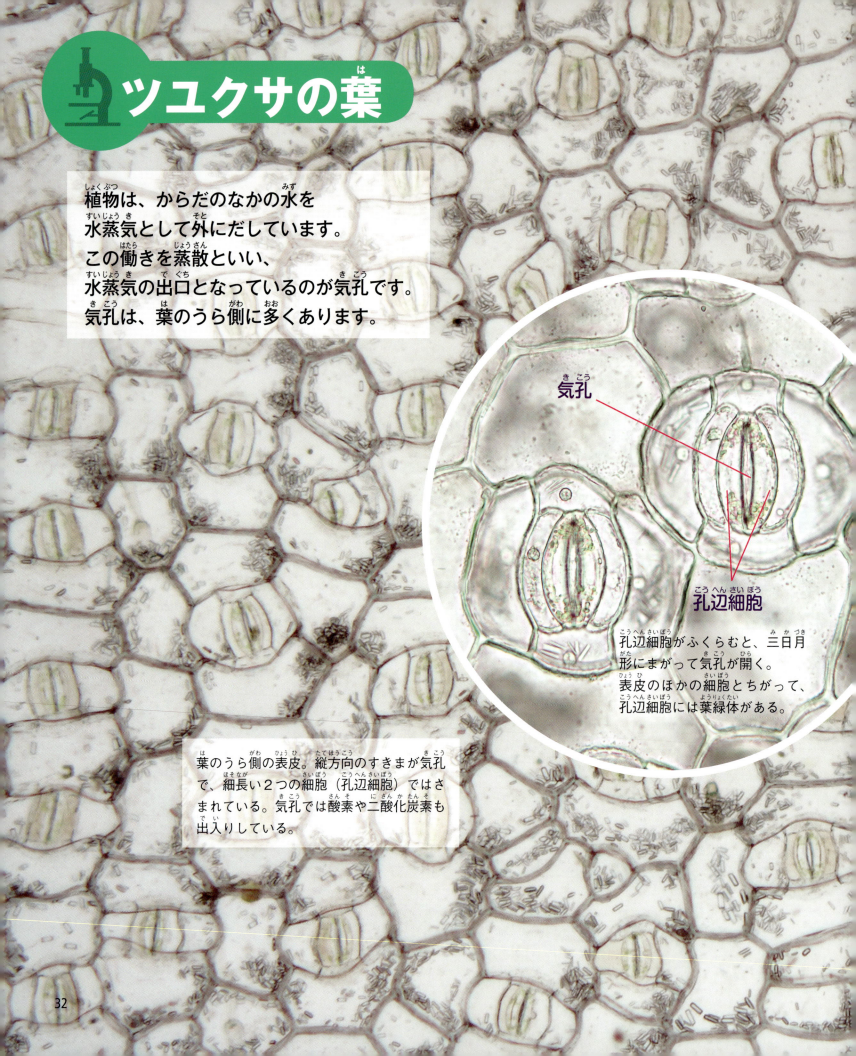

ツユクサの葉

植物は、からだのなかの水を水蒸気として外にだしています。この働きを蒸散といい、水蒸気の出口となっているのが気孔です。気孔は、葉のうら側に多くあります。

気孔

孔辺細胞

孔辺細胞がふくらむと、三日月形にまがって気孔が開く。表皮のほかの細胞とちがって、孔辺細胞には葉緑体がある。

葉のうら側の表皮。縦方向のすきまが気孔で、細長い2つの細胞（孔辺細胞）ではさまれている。気孔では酸素や二酸化炭素も出入りしている。

0.1mm

観察メモ

観察時期：7月〜10月
観察方法：うすい半透明の皮をはがし、下から光をあてる
倍率：40倍〜100倍

ツユクサのデータ

→18ページ

ツユクサの葉は厚く、そのままでは顕微鏡で見づらい。葉のうら側に切りこみを入れ、ピンセットでうす皮をはがす。

ホウセンカの茎

ホウセンカの茎をうすく切り、顕微鏡でのぞきました。
サザンカの葉（→30ページ）と
同じように穴がいくつも見えます。
水や栄養分の通り道、道管です。

ホウセンカの茎を横に切ったところ。
表皮の少し内側に道管が集まっている。

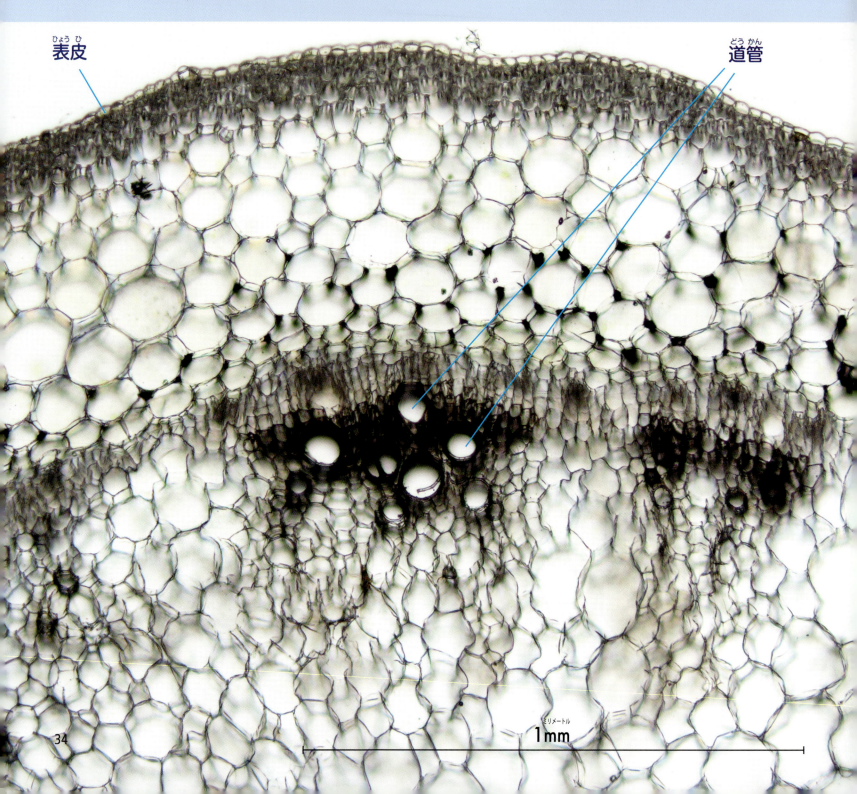

表皮

道管

1mm

観察メモ

観察時期：7月〜10月
観察方法：うすく切り、下から光をあてる
倍率：40倍

道管

0.1mm

茎を縦に切ったところ。横じまがびっしりならび、ホースのように見えるのが道管。

ホウセンカのデータ

ツリフネソウ科ツリフネソウ属の1年草。高さ30〜70cm。茎は太く、葉は細長い。夏から秋に葉のつけ根から柄をのばし、赤、白、むらさき色などの花を横むきにつける。実が熟すとさやがはじけ、種子が飛び散る。

ニンジン

うすく切ったニンジンを
顕微鏡でのぞいてみました。
とうめいで大きな細胞のなかに
オレンジ色の針のようなものが見えます。
オレンジ色はカロテンという色素のためで、
ニンジンの色のもとです。

ニンジンのデータ

セリ科ニンジン属の1年草または越年草の野菜。カロテンが豊富で品種が多い。原産地はアフガニスタンといわれる。東洋系品種と西洋系品種の2つのグループがあるが、現在では西洋系品種を改良し栽培していることが多い。

観察メモ

観察時期：一年じゅう
観察方法：うすく切り（→48ページ）、下から光をあてる
倍率：400倍

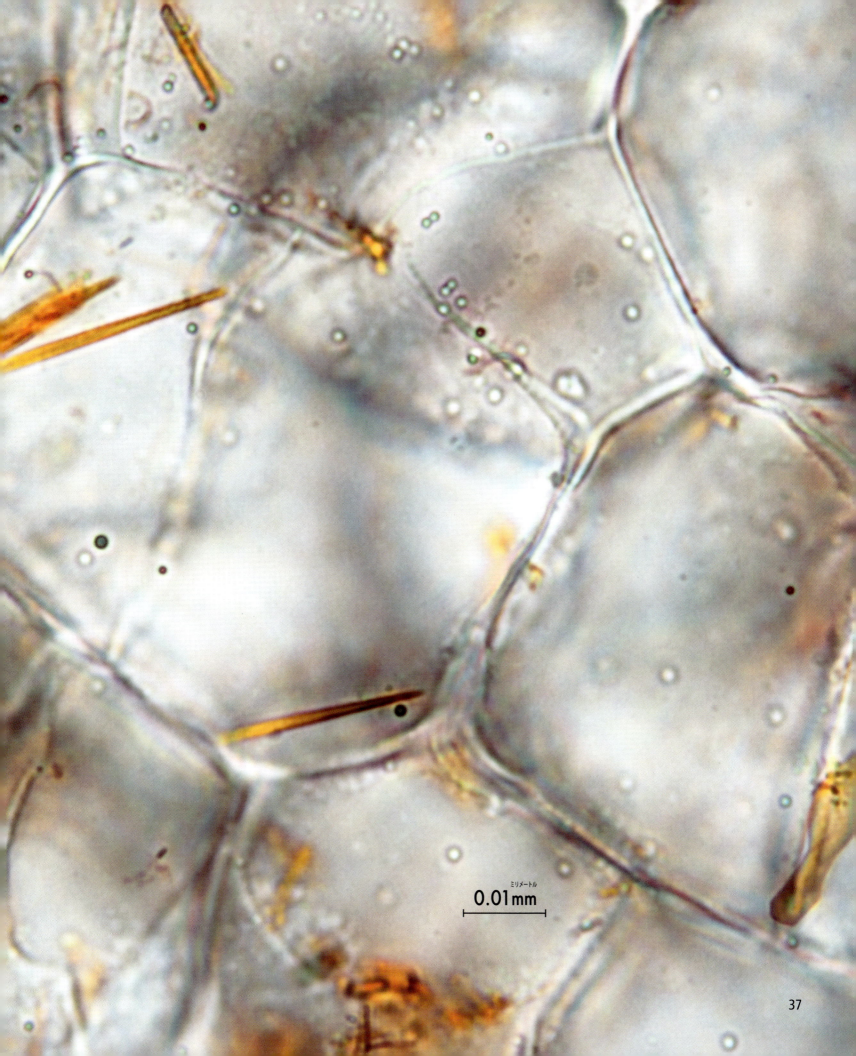

ムラサキタマネギ

あざやかな赤むらさき色のムラサキタマネギ。
半分に切り、皮に近いところを
顕微鏡でのぞいてみました。
いちばん外側1列の細胞だけが
むらさき色をしています。これは
アントシアニンという色素のためです。

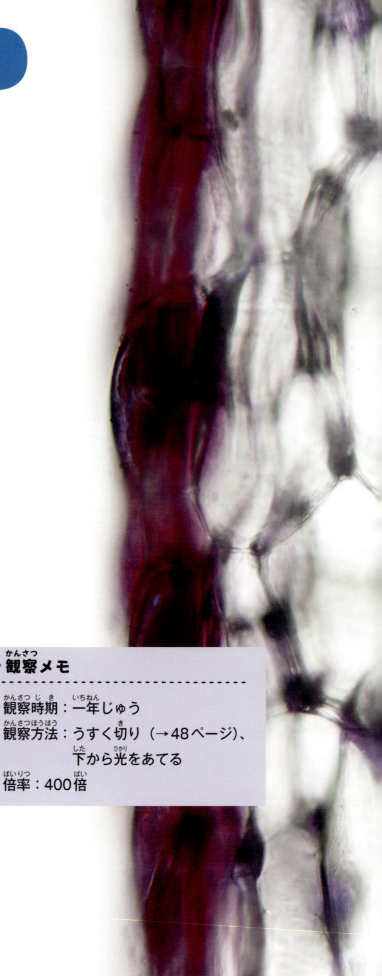

ムラサキタマネギのデータ

赤タマネギ、レッドオニオンともよばれる。あまみがあり水分が多いので、生で食べることが多い。アントシアニンはムラサキキャベツにもふくまれており、水にとける。

観察メモ

観察時期：一年じゅう
観察方法：うすく切り（→48ページ）、下から光をあてる
倍率：400倍

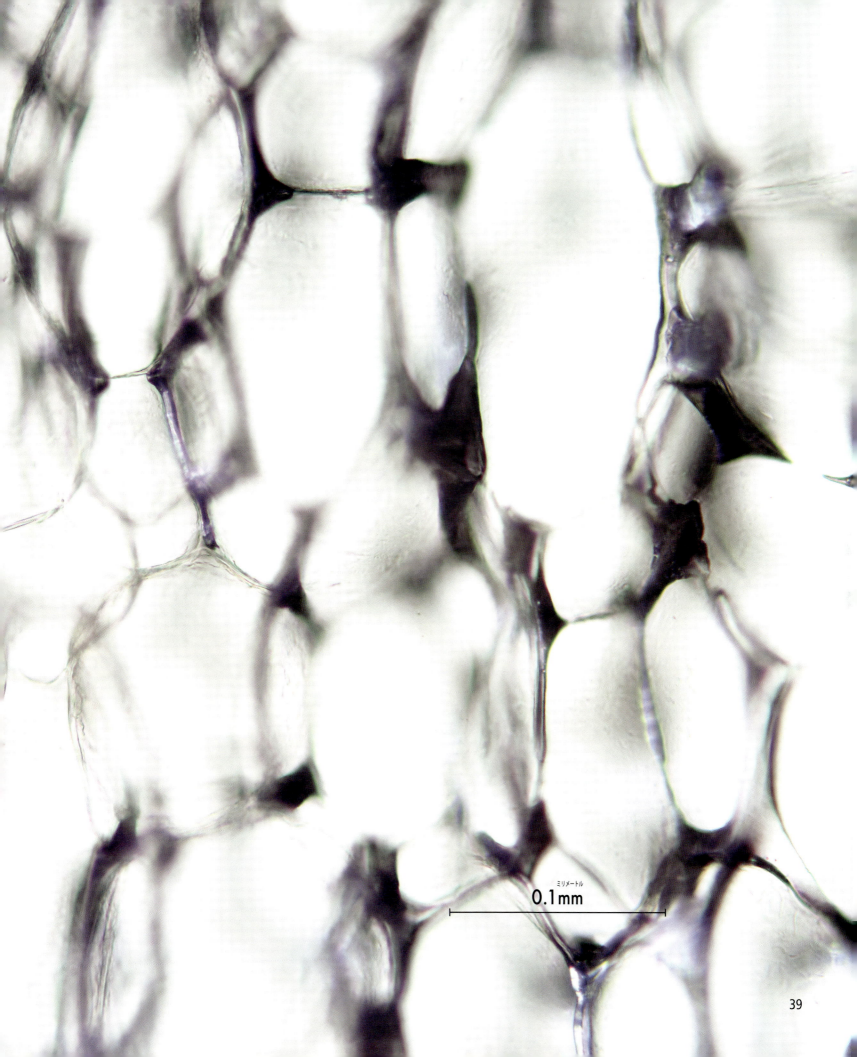

0.1mm

タマネギの皮

タマネギの皮を、アセトカーミン液という
赤い色素の液にしばらく入れ、
軽く水で洗ってから顕微鏡で見ました。
細胞壁（→29ページ）でかこまれた
部屋のような細胞のなかに
赤く染まった丸い核がはっきりと見えます。

タマネギのデータ

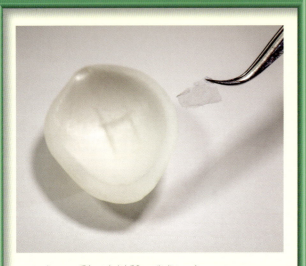

ユリ科ネギ属の多年草の野菜。食べるところは、地下にできる鱗茎（栄養をためた葉が短い地下茎のまわりに重なりあってついたもの）。原産地は中央アジアで、日本には明治時代初期にいろいろな品種が伝わった。

観察メモ

観察時期：一年じゅう
観察方法：切りこみを入れ、ピンセットでうす皮をはがす。その後、アセトカーミン液にひたして（→48ページ）から水にひたしたものに下から光をあてる
倍率：100倍

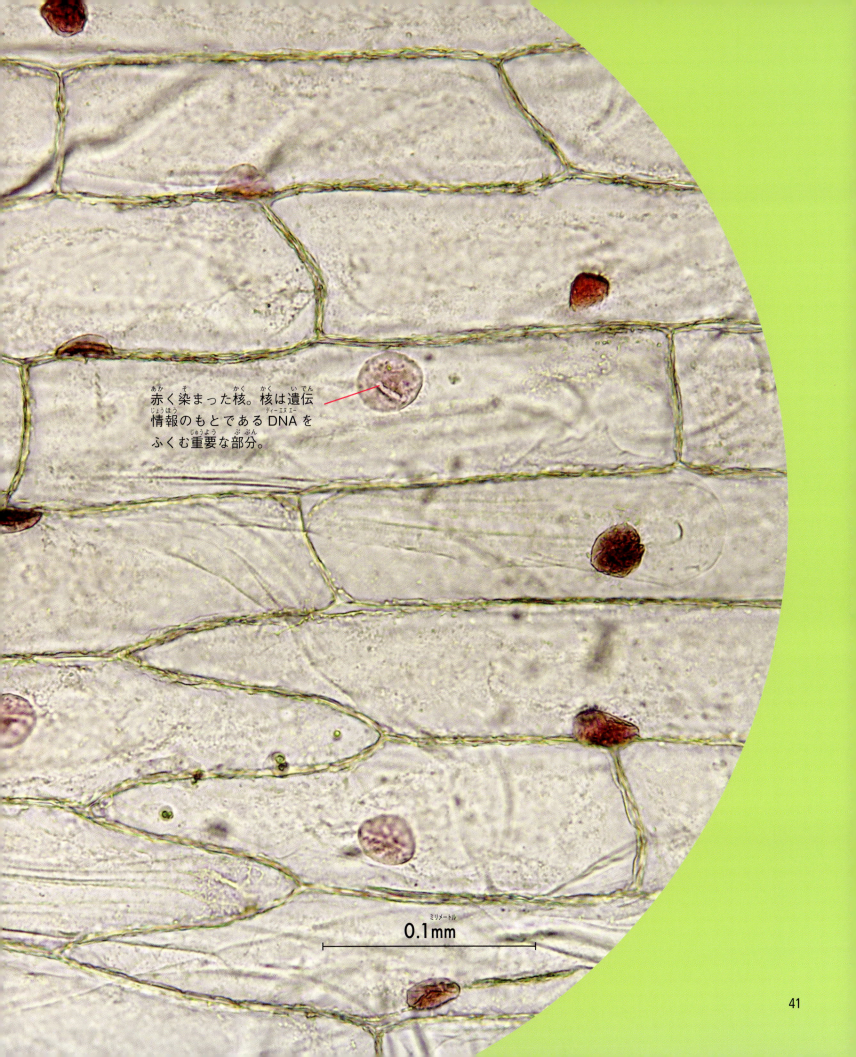

赤く染まった核。核は遺伝情報のもとであるDNAをふくむ重要な部分。

0.1mm

ジャガイモのデンプン

ジャガイモをうすく切り（→48ページ）、うすめたヨウ素液をかけました。デンプンは、ヨウ素液でむらさき色に染まります。顕微鏡でのぞくと、細胞のなかにむらさき色の丸いデンプンのつぶがたくさん見えました。

ジャガイモのデータ

ナス科ナス属の多年草。高さ0.5～1m。アンデス山脈一帯が原産地といわれる。食べているのは、茎が変化した塊茎で、主な成分はデンプン。

観察メモ

観察時期：一年じゅう
観察方法：うすく切ったものにうすめたヨウ素液をたらし、下から光をあてる（→48ページ）
倍率：100倍から

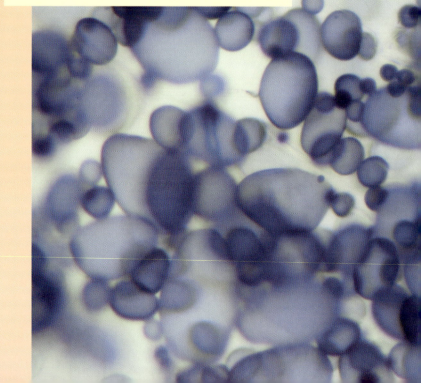

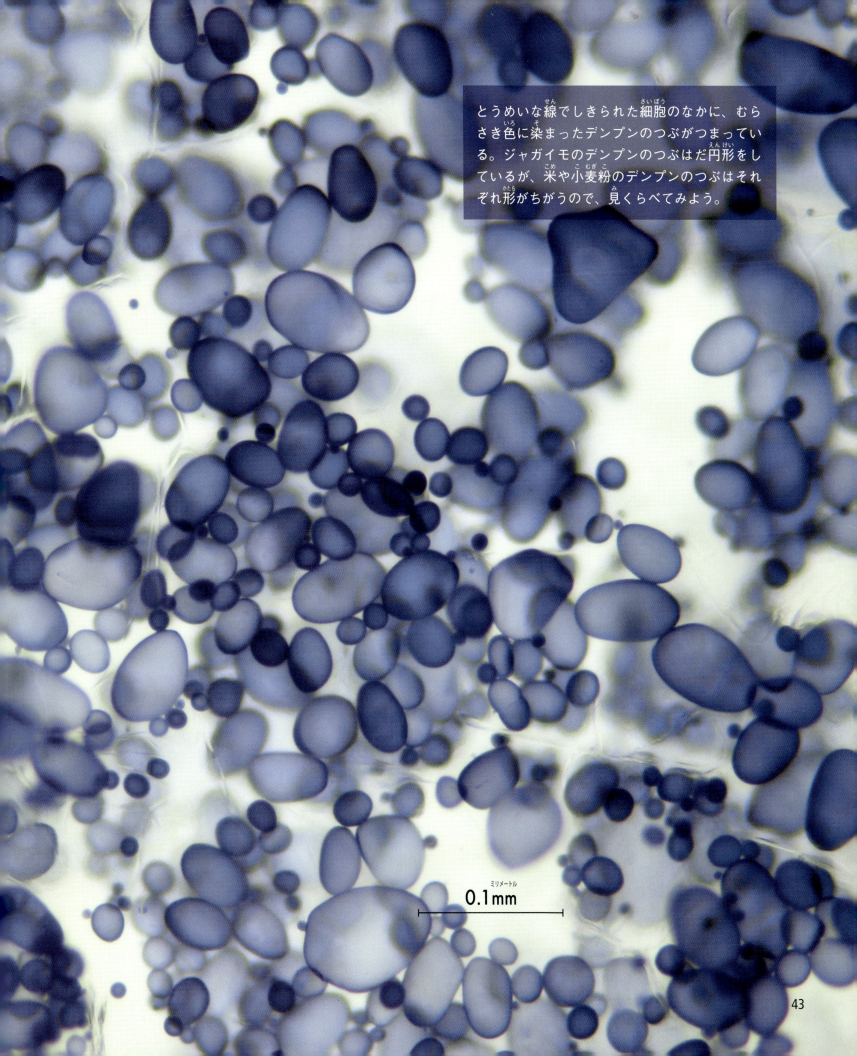

とうめいな線でしきられた細胞のなかに、むらさき色に染まったデンプンのつぶがつまっている。ジャガイモのデンプンのつぶはだ円形をしているが、米や小麦粉のデンプンのつぶはそれぞれ形がちがうので、見くらべてみよう。

0.1mm

顕微鏡の使いかた

顕微鏡にはものを拡大する対物レンズと接眼レンズがついています。
見る時の倍率はそれぞれの倍率をかけたものになります。
4倍の対物レンズと10倍の接眼レンズを使った時は、
「4×10＝40」で40倍で観察していることになります。

部分のよび名

接眼レンズ
のぞくところ。対物レンズで拡大したものをさらに拡大する。

レボルバー
倍率を変えるため、対物レンズを切り変えるときにまわす。

鏡筒
対物レンズに入った光がこのなかを通って接眼レンズにむかう。

対物レンズ
見たいものを拡大する。

アーム
顕微鏡を運ぶときに持つところ。

ステージ
プレパラートを置くところ。観察台。

調節ねじ
ステージを上下させてピントを合わせる。

クリップ
スライドガラス（プレパラート）などをおさえる。

反射鏡
外からの光をプレパラートにあてる。
LEDなどの光源ランプがついたものもある。

台
顕微鏡をささえるところ。

ランプがついた顕微鏡

LEDランプ
LEDなどのランプがついており、スイッチでつけたり消したりできる。
明るさを調節できるものもある。

じゅんび

アームをしっかりとにぎり、反対の手で台を下からささえて運びます。

置く場所

顕微鏡は、**直射日光のあたらない明るく水平な場所**に置きます。ぐらつきのある実験台や机での観察はやめましょう。直射日光を反射鏡にあてて見ようとすると目をいためます。ぜったいにやめましょう。

使いかた

❶ 対物レンズをいちばん倍率の低いものにする

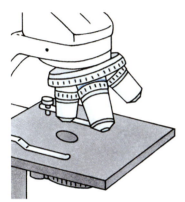

さいしょはいちばん倍率の低いレンズにしておく。
対物レンズを変える時は、直接レンズにさわらず、必ずレボルバーをまわす。

接眼レンズをのぞきながら反射鏡を動かし、見やすい明るさになるようにする。
反射鏡に直射日光をあててはいけない。

❷ スライドガラスなど見るものをステージに置く

見たいものをスライドガラスに乗せてステージに置く。
この時に見たいものができるだけ対物レンズの真下、光のくる穴のまんなかになるようにしておく。

位置が決まったらクリップでとめる。

❸ 横から見ながら

対物レンズとスライドガラスを横から見て調節ねじをゆっくりまわし、対物レンズの先をできるだけ見たいものに近づける。

❹ ピントを合わせる

接眼レンズをのぞきながら、対物レンズがスライドガラスからはなれていく方向に調節ねじをゆっくりまわし、ピントが合うところをさがす。
行きすぎたらゆっくりもどしてピントを合わせる。

❺ 見たいものをまんなかに

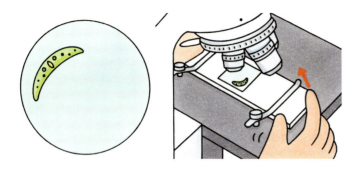

視野の中心がいちばんきれいに見えるので、見たいものが
まんなかにくるよう、スライドガラスを動かそう。
イラストのように見たいものが左上に見えていたら、実際には
右下にある。スライドガラスを少しずつ左上にずらしていこう。

❻ 対物レンズで倍率をあげる

倍率の低いものから高いものに変える時には、対物レンズに
さわらずにレボルバーをまわしてレンズを変える。レンズを
さわっていると軸がずれてしまい、正しく見えなくなってしまう。

倍率の高いレンズほど長く、レンズの先が見たいものに近づく。
倍率の高いレンズに変える時は、横から見てぶつからないよう
に注意する。

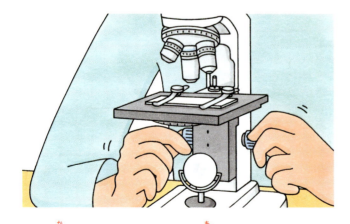

レンズを変えてもピントはだいたい合うようになっている。
そのため、レンズを変えるたびに調節ねじを大きく動かす
必要はない。ピントが合っていない時は、調節ねじを
少しだけ動かしてピントを合わせなおす。

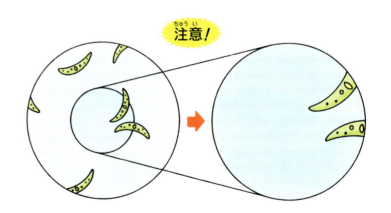

倍率をあげると、見えるはんいはどんどんせまくなる。
倍率の高いレンズに変える前に、見たいものの位置を
できるだけ対物レンズの真下、穴のまんなかに
もってくるようにしよう。

見えない時は

「見えない」というのは「見たいものが視野からはずれている」「ピントが合っていない」
「レンズがよごれている」などの理由が考えられます。

❶ 見たいものが視野からはずれている

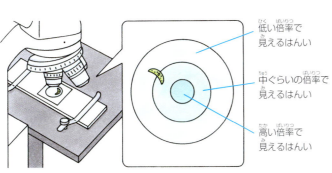

倍率をあげたので、視野（見えるはんい）からはずれてしまったかもしれない。倍率の低いレンズに変え、見たいものがはしにあるようなら、まんなかに移動させる。

倍率をいちばん低くしても、見たいものが見つからない時はステージを見てみよう。光のあたっている部分に見たいものがあるかどうかを確かめよう。

❷ ものがボケて見える

最初に考えられるのはピントが合っていないこと。
調節ねじを動かしてみよう。

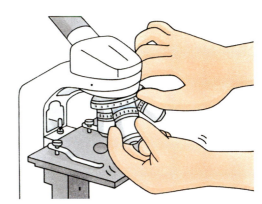

対物レンズによごれがつくと、ぼけて見えることがある。
レンズをはずしてブロアー（空気でほこりを飛ばす道具）でほこりを取り、専用のクリーニングペーパーなどでそっとふこう。

あとかたづけ

使いおわったらぬれたところやよごれなどをふきとります。
顕微鏡によってはレンズをはずしてしまうものがあります。
接眼レンズはぬきとるだけですが、ほこりが入らないよう、わすれないようにふたをします。必ず両手で持って専用ケースに入れるなど、たいせつにあつかいましょう。顕微鏡専用のケースがないときは、大きめのビニール袋や布をかぶせます。

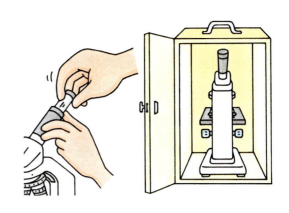

観察のコツ

❶ 上から光をあててみよう

顕微鏡は反射鏡やランプで下から光をあて、ものをすかして見るようになっています。しかし、チョウのはねのように光を通さないものもあります。そんな時はペンライトなどを使ってイラストのようにななめ上から光をあててみましょう。角度を変えると見えかたもちがってきます。

標本をきずつけないように注意しながらアゲハのはねの上からライトをあてる。

❷ うすく切ろう

大きな生きものはたくさんの細胞でできています。これらが重なっているとひとつひとつの細胞のようすをよく見ることができません。そんな時は、うすくする工夫をしましょう。
ツユクサの葉やタマネギは、うすい皮をはがして観察しました。また、野菜を見る時にはミクロトームという道具を使いました。

ニンジンをミクロトームにはさみ、専用ナイフの刃を台にぴったりあて、すべらせるようにしていちど切る。その後、ニンジンを少しだけだし、もういちど切る。

❸ 色のないものは染めてみよう

細胞のようすを見たい時、染色液で染めることで形がはっきりするものがあります。タマネギの皮では丸い核がアセトカーミン液で染まり（→ 40 ページ）、ジャガイモのデンプンはヨウ素液でむらさき色に染まります（→ 42 ページ）。液の濃度やつける時間を変えると染まりかたが変わります。いろいろ試してみましょう。

タマネギのうすい皮をそのまま下からの光で見ると細胞の形しかわからない。

うすく切ったジャガイモをスライドガラスに乗せ、スポイトでヨウ素液をたらす。

ジャガイモはすぐにむらさき色になる。

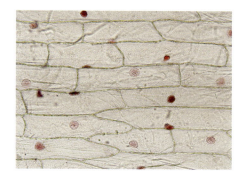

アセトカーミン液で染めたものには、細胞の核が見える（→ 40 ページ）。

双眼実体顕微鏡

双眼実体顕微鏡の倍率は20〜40倍くらいです。顕微鏡ほど倍率をあげることはできませんが、両目でものを立体的に見ることができます。

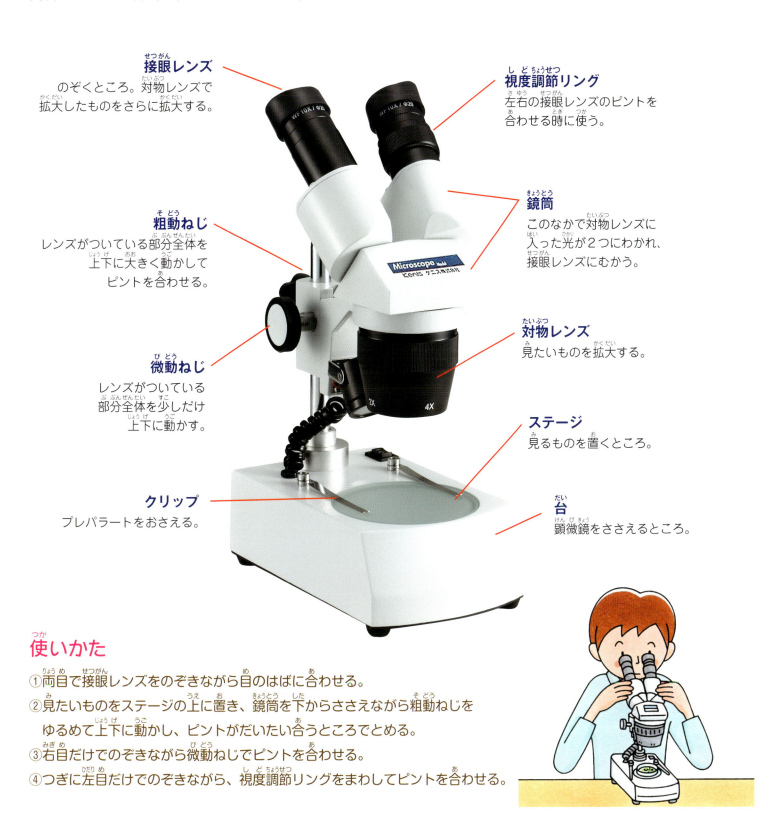

接眼レンズ
のぞくところ。対物レンズで拡大したものをさらに拡大する。

視度調節リング
左右の接眼レンズのピントを合わせる時に使う。

粗動ねじ
レンズがついている部分全体を上下に大きく動かしてピントを合わせる。

鏡筒
このなかで対物レンズに入った光が2つにわかれ、接眼レンズにむかう。

微動ねじ
レンズがついている部分全体を少しだけ上下に動かす。

対物レンズ
見たいものを拡大する。

ステージ
見るものを置くところ。

クリップ
プレパラートをおさえる。

台
顕微鏡をささえるところ。

使いかた

①両目で接眼レンズをのぞきながら目のはばに合わせる。
②見たいものをステージの上に置き、鏡筒を下からささえながら粗動ねじをゆるめて上下に動かし、ピントがだいたい合うところでとめる。
③右目だけでのぞきながら微動ねじでピントを合わせる。
④つぎに左目だけでのぞきながら、視度調節リングをまわしてピントを合わせる。

さくいん

あ行

アーム　44
アゲハ　6　48
アサガオ　16
アセトカーミン液　40　48
アナカリス　28
アントシアニン　38
羽枝　11
LEDランプ　44
オオカナダモ　28
尾びれ　12

か行

ガーベラ　20
核　40　41　48
風切羽　10
カバーガラス　28
カロテン　36
管状花　20　21
気孔　32
鏡筒　44　49
菌糸　25
菌類　24
クリップ　44　45　49
クロコウジカビ　24
クロマツ　19
孔辺細胞　33
コスモス　21

さ行

細胞　29　30　31　32　36　38　40
細胞壁　29
在来タンポポ　15
サザンカ　20　30

師管　31
色素　11　12　13
視度調節リング　49
ジャガイモ　42　48
小花　14
蒸散　32
スカシユリ　18
スギナ　23
スズムシ　8
スターチス　19
ステージ　44　45　49
スポイト　48
スライドガラス　44　45　46　48
セイヨウタンポポ　14
接眼レンズ　44　45　49
舌状花　20　21
ゼニゴケ　26
染色液　48
双眼実体顕微鏡　49
粗動ねじ　49

た行

対物レンズ　44　45　46　47　49
タマネギ　40　48
弾糸　22　23　26　27
調節ねじ　44　45　46　47
ツクシ　22
ツユクサ　18　32　33
デンプン　42　43　48
道管　30　31　34　35

な行

軟条　13
ニンジン　36

は行

ハシブトガラス　10
ハシボソガラス　10
バジル　21
反射鏡　44　45
微動ねじ　49
ヒメダカ　12
表皮　30　34
プレパラート　44
ペンライト　48
胞子　22　23　24　25　26　27
胞子のう　22　27
ホウセンカ　34

ま行

まさつ器　9
ミクロトーム　48
ムラサキタマネギ　38

や行

ヨウ素液　42　48
葉脈　30
葉緑体　29　30　32

ら行

りんぷん　6　7
レボルバー　44　45　46
ろ状器　9